A Monsieur le Préfet de l'A...

MÉMOIRE

PRÉSENTÉ PAR

M. FRANCISQUE DE FINANCE,

Propriétaire et Fermier au Château de Villars, commune de Trezelles,

A L'OCCASION DU

CONCOURS RÉGIONAL

Qui doit avoir lieu en 1862.

RIOM.

ULYSSE JOUVET, IMPRIMEUR,
Rue Hôtel-de-Ville, 10.

MÉMOIRE

PRÉSENTÉ PAR

M. FRANCISQUE DE FINANCE,

Propriétaire et Fermier au Château de Villars, commune de Trezelles,

A L'OCCASION DU

CONCOURS RÉGIONAL

Qui doit avoir lieu en 1862.

RIOM.

ULYSSE JOUVET, IMPRIMEUR,
Rue Hôtel-de-Ville, 10.

1861

A M. le Préfet de l'Allier.

MÉMOIRE

Présenté par

M. Francisque DE FINANCE,

Propriétaire et Fermier au Château de Villars, commune de Trezelles,

A L'OCCASION DU

CONCOURS RÉGIONAL DE 1862.

Villars, 25 février 1861.

Monsieur le Préfet,

Après être resté jusqu'à l'âge de 24 ans chez mon père, fermier de l'importante terre de Jaligny, je pris, en 1857, la ferme de la terre de Villars, située commune de Trezelles, et appartenant à M. Thonnier-Monnery, propriétaire à Deux-Chaises.

A cette époque cette propriété se trouvait dans un fâcheux état. Le fermier auquel je succédais, après avoir essayé des méthodes nouvelles dont le germe commençait alors à se produire, fut obligé de résilier sa ferme en opposition avec

les colons de la propriété, naturellement portés au système routinier qu'ils avaient toujours suivi.

Vaincre des résistances de ce genre, à cette époque, présentait des difficultés sérieuses; tout en encourageant les colons intelligents et portés de bonne volonté, je dus écarter de la terre ceux dont la résistance devenait opiniâtre.

Au début de ma carrière agricole, je m'étais demandé si le système de colonage pouvait être pratiqué avec succès, au point de vue des améliorations à introduire, ou si une exploitation par manœuvre ou domestique devait atteindre un but meilleur, poussant plus directement vers les améliorations dont le besoin se faisait sentir.

Le précédent fermier de la terre de Villars avait déjà essayé l'exploitation d'une réserve importante, par domestique ou manœuvre; ce mode d'exploitation lui fut démontré impossible au point de vue pratique. Sans me rebuter, et avec les réformes que je crus utiles, j'essayai encore de ce mode de culture. Je dus renoncer à ce système; il me fut démontré que le domestique gagé, l'ouvrier assuré de sa rétribution à la fin la journée, ne portait aucun intérêt à l'œuvre qui, par sa réussite, devait profiter au fermier seul; le travail matériel, fourni sans goût, sans encouragement, diminuait sensiblement en l'absence du maître, et les résultats, en fin de compte, démontrent d'une manière évidente que ce genre d'exploitation ne pouvait être utilement pratiqué que par celui qui met lui-même la main à l'œuvre et sur une échelle restreinte. Je dus alors m'arrêter au système de colonage.

Ce moyen d'exploitation qui a été quelquefois critiqué par des hommes se distinguant à plus d'un titre par leur mérite, est encore en définitive le seul possible, alors surtout que la rareté des bras se fait plus vivement sentir dans les pays soumis à ce mode d'exploitation ; en cela seulement il existe des abus ; ce sont ces abus qu'il faut détruire, car en toute chose procéder en détruisant radicalement pour fonder à nouveau, présente des difficultés que la pratique seule révèle à l'agriculteur sérieux.

Je dis donc que le colonage bien compris, pratiqué avec entente, sous une direction intelligente, donnera les meilleurs résultats sous le rapport du rendement, et sera encore moralisateur de la classe agricole. En effet, le colon ne devient-il pas l'associé direct du propriétaire ou du fermier. Le premier apporte son travail, ses soins, sa surveillance ; le second son capital et son intelligente direction. Leurs intérêts sont communs, leurs inquiétudes comme leurs espérances sont les mêmes ; le même mobile les dirige : fertiliser les terres, accroître les produits en procédant avec ordre et méthode pour l'avenir de la propriété. Le colon doit trouver, sous ce rapport, un guide intelligent dans le fermier ; car faire produire beaucoup, sans se préoccuper de l'avenir, serait un déplorable résultat.

Sans doute il existe de graves abus dans le système de colonage que je défends ; la pratique me les a révélés. Le colon qui exploite sous le fermier est quelquefois chargé d'un impôt nullement en rapport avec les produits du domaine. Quelques fermiers, sans doute bien peu experts en agriculture, croyant par les charges exagérées combler le vide qui se fait dans leur boni, en raison du prix de ferme trop élevé, considèrent ce moyen comme réparateur du mal ; après quelques années, le colon découragé quitte la propriété dans une position voisine de la misère, pour se mettre locataire. Il existe aussi un vice assez sérieux en ce qui concerne le chaulage des terres, en tant qu'elles sont soumises au colonage, et bien des colons se plaignent avec raison : Les baux à colonage ne sont faits en général que pour une année ; ils se continuent ensuite, ordinairement, par tacite reconduction, pour une série souvent de 3, 6 , 9 années, et plus ; mais comme le colon n'a pas plusieurs années de jouissance assurée, il ne se décide souvent qu'avec répugnance à mettre de la chaux qu'il est tenu de conduire, et dont il paie une portion du prix, étant incertain d'exercer une jouissance assez longue qui puisse l'indemniser de son temps et de ses dépenses.

Aujourd'hui ces abus tendent à disparaître, mais ils disparaîtraient bien plus sûrement si, par une plus longue période, le colon avait certitude de retirer le produit des terres qu'il a aidé à améliorer.

L'exagération de la rétribution colonique ne peut être considérée que comme une exception de la part de quelques propriétaires et fermiers encore peu initiés à l'agriculture, et et le temps fera vite comprendre que le fermier ne doit pas chercher son bénéfice dans l'appauvrissement de son colon, car, là où le colon est dans l'aisance, le fermier trouve lui aussi la récompense de leurs travaux communs.

J'estime donc que le mode de colonage est encore le meilleur moyen à employer pour une culture éclairée et intelligente; il est moralisateur, en ce sens qu'il associe l'intelligence au travail et qu'il attire de plus en plus le cultivateur rémunéré dans son travail, aux travaux des champs si souvent abandonnés pour les appâts d'un gain qui n'est souvent qu'apparent dans les grands centres.

Sous l'influence de ces idées, j'ai commencé la ferme de Villars, comme je l'ai dit, en 1837. Cette propriété est située commune de Trezelles, à 9 kilomètres de Lapalisse et traversée par la route départementale de cette ville à Dompierre et par la route de grande communication, n° 23, et se compose d'une réserve de cinq domaines et de plusieurs locateries; le tout d'une contenue d'environ trois cents hectares dont environ vingt hectares en bois, futaie ou taillis.

J'ai dù prendre des colons dans un état voisin de la misère, dans les domaines susceptibles d'amélioration par la chaux; ceux dans l'aisance se refusant à faire des améliorations projetées préférèrent quitter la propriété. Ces colons nouveaux ont contracté des dettes considérables, qui aujourd'hui sont éteintes, et ceux de plusieurs domaines amendés sont encore aujourd'hui dans la propriété et se trouvent dans l'aisance.

Il est à remarquer que ces colons ne sont venus dans la propriété que parce qu'ils ne pouvaient rien perdre ne possédant rien, la répugnance de ces colons était si grande alors en fait d'amélioration de toute espèce que quelques-uns sont allés jusqu'à mettre des graines de fourrage au four pour en empêcher la germination.

La moitié de la propriété susceptible d'être chaulée l'a été depuis plusieurs années, et même une partie l'a été une seconde fois.

Les fourrages artificiels presqu'inconnus dans la propriété se composant de trèfle, chèpre, luzerne, ont été cultivés en quantité si considérable que le cheptel reçu dans la propriété lors de mon entrée en jouissance a doublé en nombre et triplé en valeur.

La moyenne en chaulage a été de 150 hectolitres à l'hectare s'appliquant à la moitié des terres de la propriété.

J'ai créé plusieurs fours à chaux dans les dépendances de la terre pour son amélioration, et j'ai été le premier qui en ai livré au commerce, mes voisins étant encouragés par les résultats que j'obtenais.

Le prix de la chaux au début pouvait revenir à 1 franc l'hectolitre à cause des mauvaises voies de communication ; vers les dernières années, la chaux ne revenait guère qu'à 75 centimes l'hectolitre.

Pour encourager mes colons, je ne leur faisais payer qu'un quart du prix de la chaux, étant tenus de faire la conduite du charbon de la mine au four, et, de la chaux, du four aux terres.

J'ai créé ou il existe en cours d'exécution de 40 à 50 hectares de prairies naturelles toutes irriguées; cette augmentation de fourrages très-considérable m'a permis de consacrer à l'engrais d'été ou embauche une part importante de ces prairies et de faire ainsi tourner au profit de la consommation tout ce qui avait été presque improductif jusque là. Cet exemple a trouvé de nombreux imitateurs; le canton de Jaligny engraisse maintenant au moins deux mille bêtes à cornes par an.

La spéculation d'engrais s'est appliquée aux vaches seulement qui, en rendement moyen, ont donné 75 francs de bénéfice.

Les bâtiments de la propriété qui se trouvaient dans le plus mauvais état lors de mon entrée en jouissance ont subi des améliorations sensibles, rendues faciles du reste par le bon vouloir du propriétaire.

Pour la bonne culture à demi-fruits ou à colonage, j'ai divisé ainsi l'exploitation : cinq domaines se composant chacun de 40 hectares environ, dont 10 en prairies naturelles, et 30 en terres labourables ou prairies artificielles. Ainsi j'ai formé un domaine convenablement cultivé et exploité par cinq hommes. Mes cheptels ont été portés en moyenne à 8 bœufs, 4 taureaux de deux ans, 4 taureaux d'un an, 5 vaches garnies de 4 mâles et d'une taure, une taurille de deux ans, une d'un an; si une vache manque son année, je la remplace par une autre ayant un veau. Si je n'ai pas mes quatre veaux mâles, je remplace les taurilles de plus mauvaise apparence par des veaux mâles de belle venue, de manière à avoir en moyenne un cheptel de 28 pièces de bétail. Avec ce système, je vends 4 bœufs par année, dont 2 de 6 à 7 ans et 2 de 3 à 4 ans, qui ordinairement pour les quatre atteignent le chiffre de 1,300 fr.

Je vends une vache dont le prix moyen est de 200 fr.

Je nourris annuellement 40 brebis ; avec la laine, les profits annuels s'élèvent à 400 fr.

(Dans quelques domaines j'ai nourri quelquefois des moutons qui ont donné le même revenu).

Dans chaque domaine j'ai toujours deux truies portières qui, en moyenne ont rendu, 300 francs par an. Le produit en est très-variable, ci 300 fr.

Total 2,200 fr.

Les achats annuellement sont environ de 200 fr.

Ce qui donne pour produits nets 2,000 fr.

Dont moitié au colon qui est de 1,000 fr.

J'ai adopté pour la formation de mes cheptels la race charollaise, qui, a remplacé les diverses races que j'ai trouvées dans la propriété à mon entrée en jouissance.

La race ovine a été améliorée par des béliers de choix races berrichonne, anglaise et charmoise ; cette dernière me vient de la part d'un de mes amis qui, l'ayant introduite dans le pays, me fit cadeau d'un bélier de cette belle race. Les résultats que j'ai obtenus par ces divers croisements ont été d'autant plus remarquables qu'au concours régional de Moulins, qui eut lieu en 1853, j'obtins le prix unique et une médaille qui furent accordés pour l'amélioration de la race bourbonnaise. J'obtins également deux prix et deux médailles aux concours départemental et d'arrondissement. Tout dernièrement j'ai vendu deux moutons pesant ensemble plus de 150 kilogrammes.

Pour les cochons, la race charollaise est encore celle dominante. J'ai cependant introduit la race anglaise qui m'a déjà fourni des résultats satisfaisants. C'est ainsi que je viens de vendre à l'âge de vingt mois un porc pesant plus de 300 kilogrammes.

Dans un domaine composé de 40 hectares, comme je viens de le dire, je sème de 100 à 110 doubles décalitres de froment, pareille quantité d'avoine ou orge et des graines de fourrages artificiels, telles que trèfle, chèpre et luzerne, de manière en moyenne à avoir trois voitures de 600 kilogrammes environ de fourrage par chaque pièce de bétail. Au printemps, je fais semer également des mélanges de bréchères, pois et autres graines destinés à faire des fourrages verts et qu'au besoin je fais ranger secs si mes foins naturels ou artificiels ne me donnent qu'un produit au-dessous de la moyenne.

Je n'ai pas d'assolement régulièrement établi, mais j'ai pour principe invariable de ne jamais semer deux années de suite dans la même terre des céréales de même nature et de toujours remplacer par une récolte améliorante une récolte épuisante. Je fais cultiver le plus possible de récoltes sarclées et tous mes efforts tendent à faire disparaître la vaine pâture et les jachères.

Mes graines de trèfle sont semées de préférence sur les récoltes d'avoine ou d'orge et encore de préférence sur l'orge, l'expérience m'ayant démontré que la réussite en était meilleure.

Dans un domaine amélioré ou de bonne nature, mes cent doubles décalitres de semence produisent en moyenne au grain dix, soit mille doubles décalitres , déduction faite des semences, produit net 900 doubles décalitres au prix moyen de 4 fr. le décalitre, donnent 3,600 fr.

80 doubles décalitres d'avoine, semence déduite, donnent en moyenne 700 doubles décalitres évalués à 1,000 fr.

20 décalitres d'orge produisent 140 doubles décalitres, déduction faite des semences, évalués 280 fr.

Grains divers évalués 120 fr.

Total 5,000 fr.
Dont moitié pour le propriétaire ou fermier 2,500 fr.

A laquelle somme ajoutant les profits de bestiaux évalués 1,000 fr.

On arrive à avoir un revenu moyen de 3,500 fr.

Tous les travaux de culture sont faits par des bœufs ; cependant, lorsque les terres sont d'un travail plus facile, je remplace dans certains domaines 2 ou 4 bœufs par des vaches bouvières de bonne sorte et qui me donnent des produits qui augmentent la quantité et les produits de mes cheptels. Le lait de ces vaches est à peu près spécialement affecté à l'élevage des veaux, la race charollaise fournissant peude lait. Il est même à regretter que les vaches le mieux établies sont celles, en général, qui en fournissent une moins grande quantité.

Les fumiers, aussitôt sortis de l'écurie, sont conduits dans les champs et enterrés à la charrue. Cette méthode, qui produit de bons résultats en conservant aux fumiers leurs principes fertilisants, a aussi pour avantage de diminuer l'ouvrage du colon, au moment des semences.

Les semences de froment, faites du 1er au 15 octobre, sont celles qui m'ont le mieux réussi; celles du printemps, en en orge et avoine, se font au mois de mars, si le temps le permet.

Pour la conservation des grains, la première condition est de bien laisser mûrir ses semences; le chaulage à la chaux pure ou mélangé de vitriol m'a donné les mêmes résultats. Dans les terres calcaires j'emploie le plus ordinairement le le blé fin, dit sans barbe, (espèce primitive du pays). Dans les terres chaulées, le blé anglais a donné de bons produits. Dans les terres fortes, qui craignent la verse, je mets le gros blé, dit Sainte-Hélène. Cette année, j'ai fait semer 120 doubles décalitres de blé bleu pour servir d'expérience.

Pour les années précédentes, la bonne qualité de mes grains m'a valu deux médailles, dont l'une au Concours départemental de Moulins, en 1858, et l'autre au Concours départemental de La Palisse, en 1860.

Dans les terrains humides, j'emploie les planches ou billons, d'une largeur variable selon l'humidité du sol. Dans les côteaux et dans les terres saines, j'emploie de préférence le sillon. Les semences de graines se font à la main et à la volée; celles pour les sillons sont faites sous raie, et celles pour les planches sont faites à la herse.

Mes foins et fourrages sont mis dans les bâtiments, mes blés sont mis en meules ou plongeons et recouverts. C'est moi qui, le premier, ai fait venir, du département de la Nièvre, un ouvrier habile à ce mode de couverture. Je l'ai indiqué ensuite à plusieurs de mes voisins, qui l'ont employé avec succès ; les meules ou plongeons recouverts, dans les années pluvieuses, présentent un avantage qui a été remarqué particulièrement cette année. Mis en meule dans les champs, le grain acquiert de la qualité ; il a moins à souffrir du ravage des rats que dans les bâtiments, et la paille se conserve dans des conditions bien plus avantageuses.

La base d'une agriculture raisonnée reposant surtout sur les qualités et quantités de fourrages obtenus, j'attache une importance toute particulière à mes ensemencements de praieries naturelles. Pour un hectare de terre à convertir en pré, je l'ensemence ainsi : Je répands la quantité la plus considérable de graines provenant de mes meilleurs prés et j'ajoute :

1° 5 kilog. de minette dorée ;
2° 2 kilog. de triolet blanc ou trèfle blanc ;
3° 2 kilog. de trèfle ordinaire ;
4° 10 kilog. de pimprenelle fourragère ;
5° 1 kilog. de chicorée amère ;
6° 2 kilog. de chèpre si le terrain est calcaire ;
7° 2 kilog. de fromental.

DOMAINE DE VILLARS.

REVENU BRUT du Domaine-Neuf de la Propriété de Villars, ayant une étendue d'environ quarante hectares.

Ce domaine, qui a été chaulé pour la première fois il y 30 ans, a été de nouveau chaulé et a donné les résultats signalés précédemment, c'est-à-dire un rendement net d'environ 3,500 fr.

Il résulte de cette épreuve et par l'application que je viens d'en faire, que les terrains peuvent, sans crainte d'appauvrissement pour l'avenir, être chaulés plusieurs fois, mais en ayant soin de ne jamais le faire sans fumer, et d'alterner avec soin les différentes espèces de grains ou fourrages dont la nature du terrain permet la culture.

J'ai dit précédemment que le colonage offrait un avantage pour le propriétaire ou fermier et aussi pour le colon sagement dirigé dans la voie des améliorations ; je prends pour exemple le colon du *Domaine-Neuf.* Ce colon, qui était entré dans le domaine le 11 novembre 1857, en a cessé la culture le 11 novembre dernier ; en entrant, il a contracté une dette de 887 fr. 50 c., en sortant, le 11 novembre 1860, il a eu à recevoir 471 fr. 90 c., sa dette était éteinte et toutes ses récoltes pendantes, ameublies, étaient franches et exemptes de tout impôt.

RACE CHEVALINE.

Jusqu'à ce jour, je n'ai eu de juments poulinières qu'à ma réserve ; je les ai, comme les poulains dont elles sont suivies, toujours laissées dans les pacages, l'hiver comme l'été, et les produits sont forts et vigoureux. Par exception je rentrai à l'écurie, cette année, une des juments ainsi que ses deux suivants, une seule nuit le sol étant trop fortement couvert de neige. Échappés de l'écurie le lendemain, ils retournèrent au pacage. Comme épreuve, je les laissai ainsi en liberté malgré la rigueur de la saison, la jument n'en a nullement souffert non plus que ses suivants.

Frappé, comme tous les agriculteurs présents au dernier Concours de La Palisse, de l'infériorité de la race chevaline quand l'espèce bovine était si bien représentée, je crus, par quelques observations, signaler les inconvénients qui s'opposaient à l'amélioration de cette espèce. Encouragé dans cette voie par l'administrateur, aussi intelligent que dévoué aux intérêts agricoles, placé par le Gouvernement à la tête de notre département, le système que j'indiquai, soumis à une commission nommée par la Société d'agriculture, n'a peut-être pas été bien compris. Je n'ai pas voulu dire que le Gouvernement devrait réduire de neuf à six le nombre des étalons devant faire la monte. J'ai dit ou j'ai voulu dire que par le mode que je signalais, on obtiendrait avec 6 étalons de meilleurs résultats qu'avec 9 étalons laissés dans les dépôts; que n'ayant plus les ennuis et les frais de conduite des juments poulinières sur des points si éloignés, et les éleveurs n'ayant plus de raison de faire saillir leurs juments par le premier étalon venu, sans s'inquiéter ni de la race, ni de la valeur, ni de la classe en rapport avec la jument qu'ils présentent à la saillie, on encouragerait ainsi l'élève bien dirigé par une rémunération plus en rapport avec les frais qui en sont la conséquence, et on arriverait ainsi dans un temps donné à une amélioration dont tout le monde reconnaît la nécessité.

Voici donc de quelle manière je comprends le mode d'amélioration qui a été le sujet d'un rapport de la Société d'agriculture :

Vers la fin de chaque année, par les soins de la gendarmerie, il serait fait une dénombrement de toutes les juments existant dans chaque canton. Un tableau pourrait être ainsi établi :

D'abord, division de la race chevaline en trois classes ;

1° Cheval léger ou cheval de selle ;

2° Cheval carossier ou cheval à deux fins ;

3° Cheval de trait ou de grosse cavalerie.

NOM et Domicile du Propriétaire.	Signalement de la Jument. sa taille	AGE de la Jument.	CLASSE à laquelle elle appartient.	Le Propriét. la fera-t-il saillir?	Observations La Jument mérite-t-elle de reproduire?

Au commencement de chaque année, une Commission serait nommée par Monsieur le Préfet, composée d'un certain nombre d'agriculteurs-éleveurs et dont ferait partie de droit l'Officier de gendarmerie commandant le département. Cette Commission, d'après les tableaux dressés à cet effet, constatant le nombre des juments que les propriétaires auraient l'intention de présenter à la monte, déciderait le nombre d'étalons rigoureusement nécessaires et en rapport avec chaque classe. Ce travail terminé, la Commission adresserait sa demande d'étalons aux directeurs des Haras ; si cette administration ne pouvait fournir le nombre et l'espèce des étalons reconnus utiles, elle s'adresserait à l'industrie, c'est-à-dire à des propriétaires possesseurs d'étalons. Le Département alors louerait, pour la saison de la monte, les étalons que les Haras ne pourraient fournir. Tous ces étalons seraient roulants ; ils arriveraient successivement dans chaque chef-lieu de canton, où une écurie serait disposée pour les recevoir à proximité, autant que possible, de la caserne de gendarmerie. Le brigadier en aurait la surveillance ; par ses soins, les propriétaires seraient prévenus de l'arrivée de l'étalon correspondant à la catégorie ou la classe de leurs juments, le jour serait fixé. L'étalon ne pourrait faire qu'une seule saillie par jour. La ration nécessaire pour les chevaux serait fixée par l'administration des Haras et elle serait la même pour les étalons de cette administration que pour ceux loués aux propriétaires. Il y aurait des fournisseurs comme pour la gendarmerie. Le prix de la monte serait de 45 francs, qui n'aurait rien d'exagéré, puisque l'industrie privée réclame ce prix ; et cette dernière ne pourrait plus se plaindre de la concurrence que lui fait maintenant l'administration des Haras.

Pour des chevaux pur-sang, le prix de la monte pourrait être porté à 50 francs. Les propriétaires de juments présentées à la saillie accepteraient ce prix d'autant plus facilement qu'un homme, qui se recommande par son désintéressement et son amour pour tout ce qui conduit au progrès, a mis à la disposition des éleveurs des chevaux dont tout le département a pu apprécier la valeur.

Le système proposé serait d'une surveillance sûre, facile et peut-être économique ; le prix des saillies serait payé entre les mains du percepteur de canton ; les conducteurs d'étalons recevraient un traitement fixe ; ceux qui seraient chargés de conduire les chevaux loués et appartenant à des propriétaires seraient choisis par ces derniers.

PROPRIÉTÉ DES BRUNS,

Située communes de Trezelles et de Varennes-sur-Têche.

J'ai acquis cette propriété en 1855 ; j'en ai pris possession le 24 juin, même année. Lors de cette acquisition, le prix de ferme de la propriété était de **3,300** fr. par an , le fonds de cheptel de **2,400** fr.; la contenue de cette propriété est d'environ **86** hectares ; **60** hectares formaient un domaine cultivé par quatre hommes ; les **26** hectares comprenaient un autre petit domaine cultivé par deux hommes. Les bâtiments en mauvais état ont été restaurés et rendus sains. Le principal domaine fut converti en deux , de 30 hectares chacun. Sept hectares ont été convertis en une prairie d'un seul tènement, entièrement arrosée par les eaux d'un ruisseau ramené par des niveaux en tête de la prairie. Dix - neuf hectares forment maintenant un petit domaine.

Je fis semer une grande quantité de trèfle, de chêpre et de luzerne ; j'augmentai alors dans des proportions considérables les moyens de nourriture du bétail.

Le cheptel , qui était de **2,400** fr. à mon entrée en jouissance, fut immédiatement porté à **7,000** fr.

Au **11** novembre **1855** , sept hommes cultivaient la propriété ; aujourd'hui le nombre des cultivateurs est de quatorze ; le cheptel, qui se composait de **27** bêtes à cornes , est aujourd'hui de **55** , estimées **13,000** fr.

La propriété, qui ne se composait que de **42** hectares **40** ares de prés ou pacages , nourrissait mal les **27** bêtes à cornes qui composaient alors le cheptel ; on a aujourd'hui **27** hectares **26** ares en pré, dont **9** hectares et demie sont de réserve.

J'ai obtenu , cette année , dans les trois domaines seulement , **185** voitures de foin pouvant représenter **440** mille kilogrammes. Les prés de réserve ont rendu **55** voitures représentant environ **30** mille kilogrammes.

RENDEMENT DE LA PROPRIÉTÉ EN 1860.

Le bénéfice du bétail, déduction faite des achats, pour la moitié revenant au propriétaire se monte à   1336 f. 75 c.

Il a été récolté, pour la moitié revenant au propriétaire, 860 doubles décalitres de froment, déduction faite des semences, à 4 fr.   3440 » »

500 doubles décalitres d'avoine après semence, à 1 fr. 50 c.. . . . .   750 » »

60 doubles décalitres d'orge, à 2 fr. . . . .   120 » »

40 doubles décalitres de pois vendus 3 f. 75 c   150 » »

135 doubles décalitres de noix à 1 f. 50 c..   202 50

Foin de réserve, 60 milliers. . . . .   2000 » »

Chanvre. . . . .   200 » »

                              Total. 8199 25

Aujourd'hui le revenu de cette propriété ne peut être évalué au-dessous de 8,000 fr. par année moyenne ; le prix de fermage, en 1855, n'était que de 3,300 fr. représentant, comme il est de notoriété, le revenu d'alors de la propriété, comme on peut encore le voir par les comptes de l'ancien colon qui cultive encore l'un des domaines d'aujourd'hui. Le revenu a donc été élevé de 4,700 francs.

Il est à remarquer que le cheptel, qui n'était que de 7,000, est aujourd'hui de 13,000 francs.

Pour arriver à ces résultats, j'ai fait l'augmentation du cheptel de 4,600 francs, dès la première année de jouissance.   4600   » »

Réparations des bâtiments ou constructions   5000   » »

1200 mètres de drainage qui ont coûté. . .   2400   » »

Un tiers environ de ce drainage a été fait au moyen de pierres cassées, ramassées dans les terres. Ce mode est préférable lorsqu'il peut être employé. Tous les résultats obtenus par le drainage sont très-satisfaisants.

Frais pour l'établissement des barrières ou clôtures   800   » »

TOTAL des dépenses. 12800   » »

Il résulte donc de ce travail qu'au moyen d'une dépense de 12,800 francs, le revenu d'une propriété de 3,300 francs a été porté à 8,000 francs ; qu'en outre, par mes progressions constantes dans le cheptel, il a été élevé, dans une période de 6 ans, de 7,000 à 13,000 fr., soit encore, par an, 1,000 francs.

CONCOURS.

J'ai souvent fourni, avec les propriétés dont je dirige l'exploitation, des animaux qui ont obtenu des prix dans les les divers concours. J'ai moi-même, en différentes fois, fait des engrais de bœufs présentés aux concours de Lyon. En 1849, j'obtenais deux grands prix et deux grandes médailles en or ; en 1850, deux autres prix et deux médailles en or. Au nombre de ces prix se trouve le Grand Prix de la ville de Lyon, décerné pour la première fois. La Société d'Agriculture de l'Allier a cru devoir mentionner, dans un rapport, la remise publique de ces médailles, qui m'a été faite par **M.** le Préfet, lors du concours départemental de Moulins, en 1850.

En 1858, je présentai encore au concours de Lyon deux bœufs jugés remarquables par les agriculteurs. Je n'obtins aucune prime, ces deux bœufs ayant été mis dans les classes de la race charollaise à laquelle ils appartenaient. Mais je vis primer, dans ce même concours, un bœuf de même race, que j'avais vendu six mois auparavant, et qui avait été classé dans les races diverses. Sur les explications fournies que le bœuf primé avait été vendu par moi, depuis six mois, il devait m'être délivré une médaille ; mais je ne l'ai pas reçue.

J'ai obtenu, je puis le dire, des résultats que le public a pu apprécier par lui-même, et que je crois avoir démontrés ; mais ce but n'a été atteint par moi, il faut l'avouer, que par la bienveillance du propriétaire de la terre de Villars, atténuant par sa généreuse bienfaisance les intempéries qui frappent de temps à autre les agriculteurs dans leurs espérances, et accordant toujours, dans les années d'épreuves pour l'agriculture, des délais qui permettent de conserver des grains qui parent aux disettes et rémunèrent grandement alors l'agriculteur qui avait vu tous ses calculs crouler et ses espérances trompées.

PROPRIÉTÉ DE TERRE-NEUVE,

Située commune de Sorbier, composée de quatre corps de domaines, d'une étendue de 300 hectares.

Cette propriété, située commune de Sorbier, traversée par la route de grande communication, n° 2, à 8 kilomètres du Donjon, se trouve à environ 15 kilomètres de La Palisse en ligne directe, mais éloignée de ce centre d'affaires par le long détour que les habitants sont obligés de faire en passant par Jaligny. Une route directe est en projet ; des propriétaires riches et intelligents offrent des sommes considérables pour l'ouverture de cette nouvelle voie de communication. Pour reconnaître son utilité, il suffit d'ouvrir la carte du département ; l'on est frappé de la multitude de routes se dirigeant de l'est à l'ouest et coupant la partie du département comprise entre l'Allier et la Loire. Une seule route, de La Palisse à Dompierre, coupe cette partie du département, du midi au nord. Une nouvelle route, partant de La Palisse et traversant les communes de Varennes-sur-Tèche, Sorbier, Saint-Léon et Jaligny, sera pour ces contrées agricoles une source de fortune.

Cette propriété, d'une étendue d'environ 300 hectares, est de nature argilo-siliceuse, toute susceptible d'être amendée au moyen de la chaux. Elle est divisée maintenant en quatre corps de domaine de contenances inégales ; une grande partie des héritages n'a jamais été cultivée. Par des arrangements de famille, je dois en prendre la direction.

Projets sur cette Propriété.

A cause de son étendue, cette propriété va être divisée en 5 domaines qui auront une contenue égale ; mais comme il faut encourager le colonage, à cause des importantes améliorations à y introduire, je dispenserai les colons de tout impôt ou rétribution colonique, en les assujétissant aux conditions suivantes :

1º Ils devront tenir cinq hommes forts pour chaque domaine.

2º Tous les produits de la propriété se partageront par moitié ; les semences seront fournies de même.

3º Le prix de la chaux sera payé par moitié, à raison d'un franc l'hectolitre, si la conduite en est faite aux frais du propriétaire, et 75 centimes seulement, si le colon la conduit. La quantité de chaux à conduire chaque année sera de mille hectolitres par domaine.

4º La durée des baux sera de six ans, avec faculté de se séparer à la troisième année, en se prévenant six mois à l'avance.

5º Il sera établi tous les prés naturels que le propriétaire jugera à propos de créer ; les frais qui en seront la conséquence demeureront à la charge des colons ; les grains d'ensemencement à la charge du propriétaire ; un plan de tous les travaux sera préalablement dressé.

6º Un cheptel suffisant pour l'exploitation des domaines sera fourni par le propriétaire, et ce cheptel sera augmenté proportionnellement à l'augmentation des fourrages.

7º Il ne pourra être semé, par domaine, plus de 100 doubles décalitres de froment ou seigle ; 80 doubles décalitres d'avoine ; 20 d'orge ; le plus possible de sarrazin, qui sera semé dans les anciennes terres incultes, mais chaulées ; le plus possible de plantes sarclées, etc. ; 50 kilogrammes de graine de trèfle.

8º Chaque colon ne tiendra qu'une seule truie portière et six cochons dits nourrains, qui seront ménagés pour l'engrais de l'année suivante.

9º Tous les grains seront partagés au double décalitre. L'écossage sera fait par le colon seul ; les grains seront mis en grange ou en meule et, dans ce dernier cas, couverts par les colons. Le propriétaire fournira une machine à battre et deux hommes pour la faire fonctionner ou pour partager les grains. Ces hommes seront nourris par les colons.

10° Les colons ouvriront les tranchées de drainage ; la pose et l'achat des drains resteront à la charge du propriétaire.

En procédant ainsi, j'estime que chaque domaine pourra arriver au résultat suivant, prenant pour point de comparaison les propriétés voisines de natures à peu près égales.

Je néglige les produits des trois premières années, et je pense qu'arrivé à la quatrième année, chaque domaine devra produire un revenu net de bétail, ci . . . . . . 2000 »»

Froment au grain 10, mille doubles décalitres à 4 francs, ci. . . . . 4000 »»

Avoine et orge, ci. . . . . 1500 »»

TOTAL. . . . . . . 7500 »»

Moitié pour le propriétaire, ci . . . . 3750 »»

Pour arriver à ce résultat, j'estime que chaque corps de bien doit avoir un cheptel de 5000 francs, soit. . . . . 25000 »»

Construction d'un nouveau domaine. . . . 8000 »»

Réparations diverses des bâtiments des autres domaines. . . . . 2000 »»

Achat de grains pour l'établissement des prairies naturelles, ou autres frais. . . . . 4000 »»

Frais de drainage facile en cette propriété. . 2000 »»

TOTAL. . . . . . . 41000 »»

Représentant un intérêt annuel de. . . . .   2050 » »

Frais de régie et de surveillance, deux hommes à gages ou à la journée. . . . . . .   800 » »

Impôts de la propriété, les colons n'en payant pas. . . . .   500 » »

Chaulage annuel pour la part du propriétaire 2500 » »

TOTAL. . . . . . . 5850 » »

La propriété devant rendre par chaque domaine 3750 francs, soit pour les cinq domaines 18750 . . . . 18750 » »

Il restera net. . . . . 12900 fr.

SUPPLÉMENT

AU

MÉMOIRE DE M. DE FINANCE.

Monsieur le Préfet,

Lorsque je déposai un Mémoire à l'occasion du Concours régional qui doit avoir lieu à Moulins en 1862, je ne parlai des prairies que je me proposais d'établir le long de la Bèbre, sur une vaste échelle, que comme d'un projet; je comptais sur le concours des ingénieurs que jusqu'à présent je n'ai pu obtenir. Je ne me suis néanmoins pas découragé, les travaux dont je ne faisais que signaler le projet sont maintenant en cours d'exécution, et le propriétaire de la ferme que j'exploite, comprenant l'importance du projet et mû par une intelligente bienveillance, vient de me renouveler la ferme de Villars pour 15 années encore, pour que je puisse retirer le fruit de mes travaux ; mais le prix de ferme, qui n'était en 1835, lors de mon entrée en jouissance, que de 12,000 fr., a été porté à la somme de 14,500 francs.

Je suis à l'œuvre aujourd'hui ; la prairie que j'établis aura environ 60 hectares ; livré à moi-même, j'ai fait appel à toutes les bonnes volontés, et je suis heureux, Monsieur le Préfet, d'avoir à mentionner ici le concours de M. Chervier, alors chef-irrigateur à la ferme-école de Belleau, maintenant sous-directeur de cette école ; j'ai trouvé dans cet employé une intelligence et une bonne volonté qui ont singulièrement facilité l'exécution de mes travaux.

J'opère sur un sol reconnu de qualité inférieure, d'une nature variable, ferme là, sans consistance un peu plus loin, en grande partie couvert de haies, bois, broussailles, ronces et épines ; je rencontre très-souvent des parties mouillées et très-bourbeuses, auxquelles j'applique le drainage avec tout le soin possible.

Placés dans les conditions ordinaires les tuyaux, sur un sol de cette nature, ne peuvent produire un effet durable. Pour parer à ces inconvénients, j'ai garni toute l'assiette des fossés de planches de verne, reconnu pour résister à l'humidité ; sur ces planches j'ai placé mes tuyaux ; j'aurai beaucoup de dépenses, mais j'ai la certitude, en raison du temps qui reste à courir de mon bail, d'avoir un rendement rémunérateur. Ce travail, Monsieur le Préfet, conduira, il est à croire, dans un temps peu éloigné, à l'exécution d'un projet plus vaste que les hommes les plus compétents ont déjà formé : l'irrigation, par les eaux de la Bèbre, des prairies qui, comme celle que j'établis, longent ce précieux cours d'eau. J'estime que pour trois propriétés réunies, en y comprenant Villars, on pourrait faire arroser au moins 150 hectares de terrain aujourd'hui peu productif et dont le rendement serait un jour très-considérable.

En agriculture, il se produit ce fait remarquable : L'attention des agriculteurs se porte presque exclusivement sur les terres de qualité inférieure dont l'amendement est facile par l'emploi de la chaux ou de la marne. Les résultats obtenus et si souvent cités sont certainement un puissant encouragement pour l'avenir; mais est-ce là une raison pour négliger la bonne propriété, celle dite forte terre ou terre calcaire? Assurément non. Et cependant si on voulait se livrer à des études sur ce point, on remarquerait qu'en général aucun progrès n'a eu lieu dans ces natures de terrain. Est-ce à dire qu'il n'y a rien à faire et qu'on a tout obtenu de ce qu'on peut attendre de la richesse de ce sol. Cependant, mais par exception, ne pourrais-je pas citer deux de mes amis MM. de Veaulx des Morets qui se sont adonnés à la culture des terres de cette nature ayant une assez bonne réputation, mais produisant cependant peu, parce qu'elles avaient été primitivement épuisées, et qui sont arrivés à un résultat qui, au dernier Concours départemental, leur méritait une médaille d'honneur que l'opinion publique leur avait déjà décernée? La différence entre ces bons terrains se montre plus spécialement cette année-ci où les récoltes produites par les terres non chaulées sont beaucoup plus belles que celles produites par les terres amendées par la chaux. Par comparaison, je suis amené à parler aussi de la propriété des Bruns, qui m'appartient, d'un sol calcaire et dont j'ai fait connaître les améliorations par le mémoire que j'ai déposé et où j'établis, qu'à peu de chose près, j'ai triplé le produit. En examinant certaines propriétés voisines de la mienne, je remarque qu'aujourd'hui elle est affermée à un prix inférieur à celui remontant à 30 ans, et cependant cette propriété, par la richesse de son sol, par des améliorations pratiques, par l'extension donnée aux prairies artificielles et naturelles, la bonne direction des eaux, une fumure et des semences plus en rapport avec la nature du sol, est susceptible d'une bien sensible augmentation dans les produits. Cultiver par soi-même ou par un fermier intelligent, qu'on a le soin de changer moins souvent, conduirait aisément à ce résultat. Je dis donc qu'on néglige trop les bonnes propriétés; on paraît se contenter d'un rendement qu'on croit être le dernier mot en agriculture, et cependant c'est encore dans cette culture qu'on éprouve le moins de déceptions; je conclus donc sur ce point en disant que, si nos landes doivent disparaître, nous ne devons pas négliger les terres qui, avec peu de frais, peuvent aisément doubler en rendement.

La vigilance du maître ne suffit pas toujours pour la bonne exploitation de la ferme; c'est ici le lieu de louer le concours, aussi dévoué qu'utile aux intérêts agricoles, qui m'a été prêté par ma sœur pendant les vingt ans qu'elle a habité la ferme avec moi; on doit aussi chercher à se rattacher les serviteurs probes et honnêtes, dont les services sont le plus appréciés ; sous ce rapport, je puis citer le nommé Claude Theuil, qui est à mon service depuis 22 ans, et que j'ai trouvé dans la propriété lorsque j'en ai pris la ferme. Ce domestique, aussi zélé que fidèle, a obtenu une médaille d'argent au concours régional de Moulins en 1855; par mes soins, ses enfants, au nombre de quatre, se sont établis en Société agricole.

Je dois ajouter, qu'en faisant défoncer des terrains sur la propriété des Bruns, j'ai retrouvé de nombreux conduits romains que je me propose d'utiliser. Ces tuyaux, de même que les autres débris de poterie romaine qui sont mêlés au sol, montrent que les Romains ont eu là un établissement assez important, qui doit appeler l'attention et les recherches des personnes qui s'occupent des études archéologiques, et je me ferai un plaisir de les mettre sur la trace de ces découvertes, précieuses pour l'histoire de notre province.

Je dois faire mention de deux nouvelles médailles obtenues par moi au dernier concours régional de Lyon ; ces concours sont un puissant encouragement pour tout ce qui se rattache à l'agriculture : les agriculteurs se rencontrent, et, outre le puissant stimulant résultant de l'exposition des produits, échangent leurs idées en agriculture, modifient certains projets, en forment d'autres que le temps sait faire fructifier, et de ce choc naît le progrès ; les relations s'établissent et on aime à être compté au nombre de ceux que Lyon, cette seconde ville de France, a entourés de ses soins, de ses prévenances, dont les autres villes aimeront à suivre l'exemple. Il est des inconvénients que l'expérience révèle et qu'il est bon de signaler ; il se commet quelquefois des erreurs d'âge dans le classement des bestiaux présentés au concours ; il semble que pour limite d'âge des bestiaux, il serait plus naturel d'admettre plutôt qu'une simple indication, les signes non trompeurs résultant de la dent des animaux ; des certificats de possession depuis au moins trois mois, devraient aussi être exigés pour éviter des spéculations plutôt commerciales qu'agricoles.

Il y aurait une grande utilité, surtout lorsque les concours ont lieu dans des centres importants comme celui de Lyon, de joindre au concours de la race bovine celui de la race chevaline dont l'amélioration est trop négligée en France.

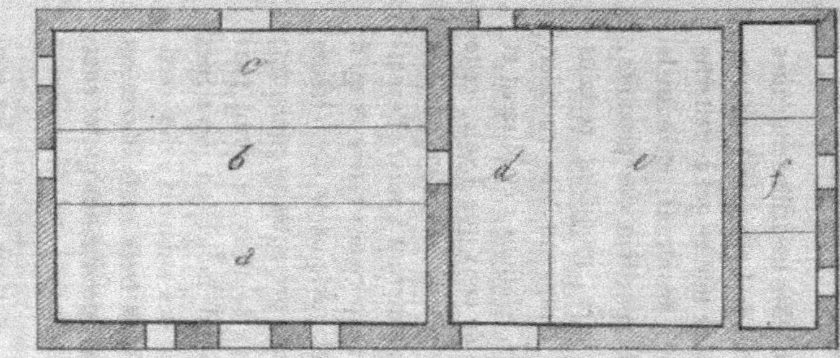
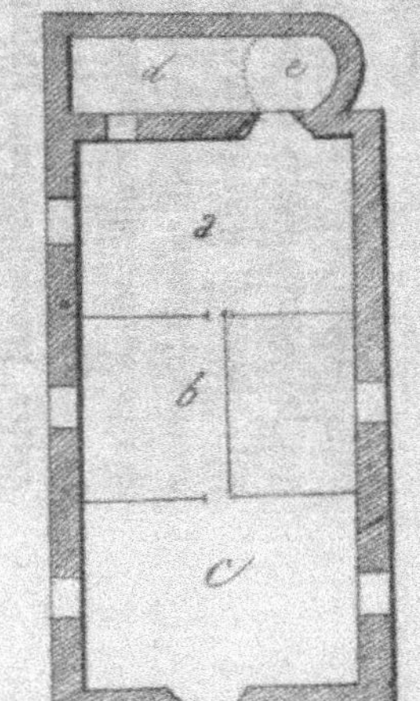
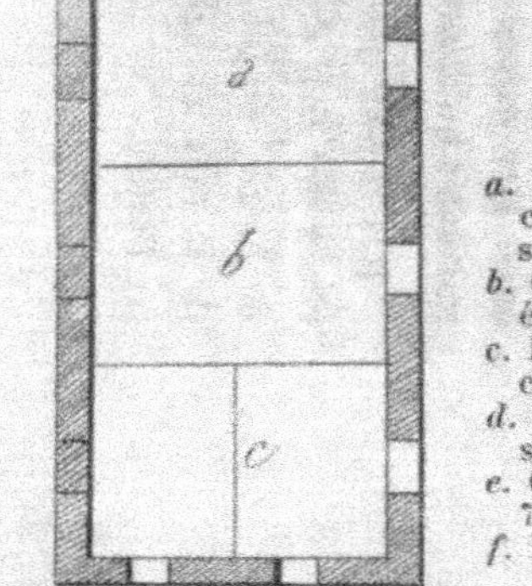

PLAN DES BATIMENTS

D'un Domaine à construire à Sorbier.

EXPLICATIONS.

N° 1. GRANGE.	N° 2. MAISON.	N° 3. BERGERIE.
a. Écurie de bêtes à cornes à 2 rangs 15ᵐ sur 5ᵐ.	*a.* Cuisine de 5ᵐ33 sur 8ᵐ.	*a.* Écurie de Brebis de 5ᵐ 33 sur 8ᵐ.
b. Corridor entre les écuries, 15ᵐ sur 3ᵐ.	*b.* Appartement de 5ᵐ 33 sur 8ᵐ, divisé en deux.	*b.* idem.
c. Écurie des bêtes à cornes, 15ᵐ sur 4ᵐ.	*c.* Autre Appartement de 5ᵐ33 sur 8ᵐ.	*c.* Écuries de porcs de 5ᵐ33 sur 4ᵐ.
d. Sol de grange 18ᵐ sur 4ᵐ.	*d.* Évier.	
e. Gerbier de 12ᵐ sur 7ᵐ 33.	*e.* Four.	
f. Étableries à volaille		

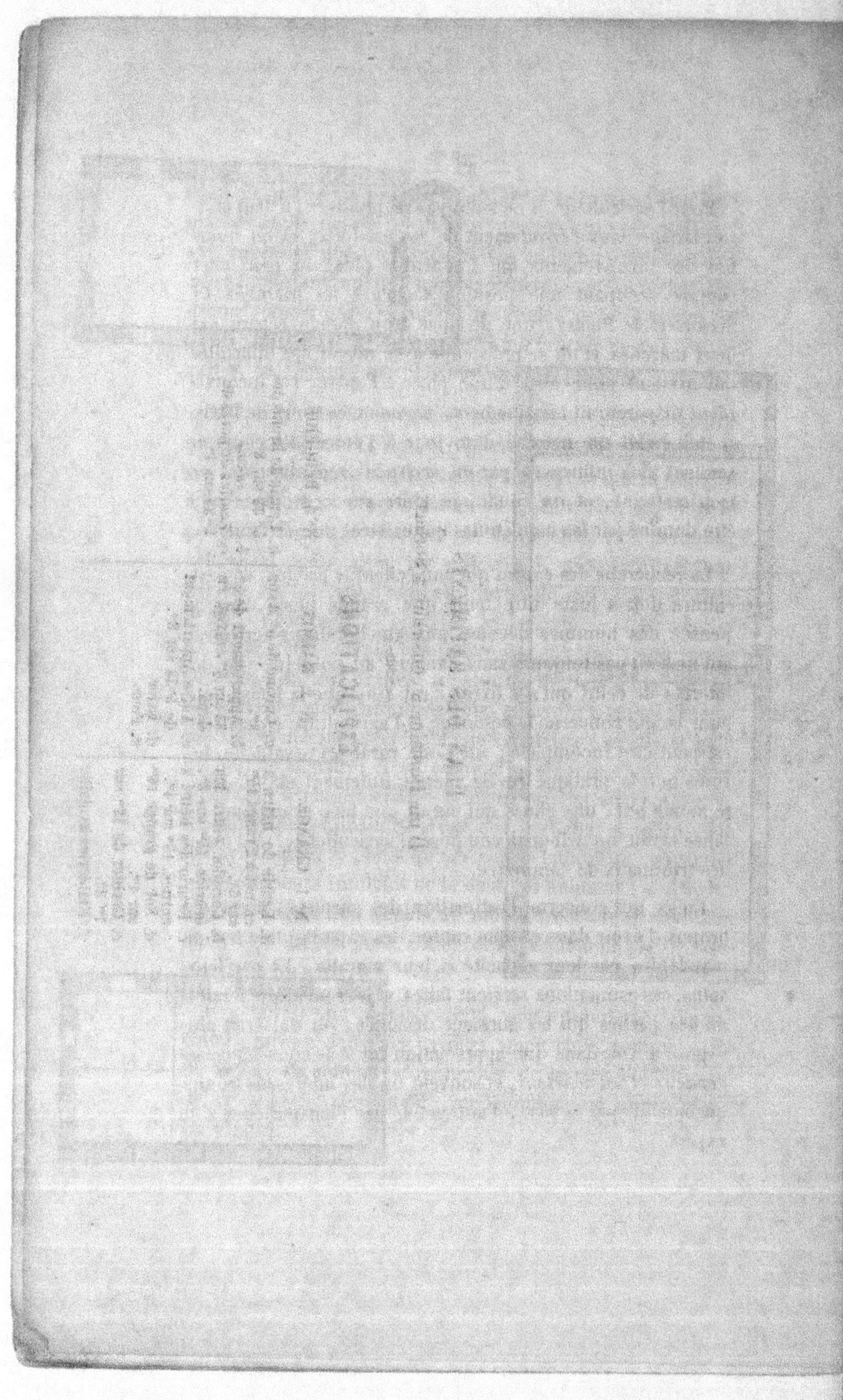

Pour l'agriculteur, il ne suffit pas de produire, il faut qu'il soit facilité dans l'écoulement de ses produits, et au nombre des inconvénients qui frappent le plus, on peut citer comme occupant une position fâcheuse les marchés de Sceaux et de Poissy; une distance trop grande sépare ces deux marchés, et on se préoccupe avec raison des difficultés qui existent pour aller d'une place à l'autre; cet inconvénient disparaîtrait certainement, si, sous les murs de Paris, il était établi un marché d'un jour à l'autre; les cours ne seraient plus influencés par un arrivage trop abondant ou trop restreint, et on conduirait alors sur cette place sans être dominé par les inquiétudes qui existent aujourd'hui.

La recherche des causes qui empêchent le progrès en agriculture doit à juste titre tenir une grande place dans la pensée des hommes dévoués aux améliorations agricoles, qui ne sont pas toujours sans dangers au point de vue des intérêts de celui qui s'y livre; c'est ainsi que la législation, pour ce qui concerne le colonage et l'agriculture en général, est peut-être incomplète; un Code rural prévoyant les besoins que la pratique révèle, serait utilement établi. Dans le même but, une chose qui aurait une bien grande importance serait un tribunal composé d'agriculteurs, à l'instar des tribunaux de commerce.

En ce qui concerne l'estimation des cheptels, il serait à propos d'avoir dans chaque canton des experts-jurés recommandables par leur capacité et leur moralité. Et par leurs soins, ces estimations seraient faites, et leur mémoire ferait la loi des parties qui les auraient désignés : on ne serait plus exposé à voir dans une appréciation toute de conscience, *un vendeur et un acheteur*, et souvent un des intéressés trompé quelquefois par la ruse, d'autres fois par l'inexpérience d'un expert.

Pour obvier à ces inconvénients, la révision du cadastre me paraît bien utile, et un bornage préalable fait entre les propriétés pourrait servir de titre dans la suite.

La liberté de commerce des grains doit être accueillie avec faveur, et la loi votée par le Corps législatif ne peut que produire les meilleurs effets; nos populations le comprennent déjà, grâce aux éclaircissements qui leur ont été donnés; c'est ainsi que M. le baron de Veauce, député au Corps législatif, lors du concours départemental qui a eu lieu à la Palisse au mois de septembre 1860, est entré dans les détails de cette question de manière à la faire comprendre de tous, et que, plus tard, à la date du 5 décembre dernier, M. Grellet, avocat à la Cour impériale de Riom et membre de la Société d'agriculture du Puy-de-Dôme, dans un discours prononcé devant cette société a examiné cette question sous toutes ses faces. Puisqu'on est entré dans la voie de la liberté pour toutes les transactions commerciales avec l'Etranger, pourquoi ne pas laisser à la boulangerie comme à la boucherie une entière liberté, sauf à prendre toutes les mesures que commande l'intérêt public? La concurrence donnerait sur ce point toutes les garanties désirables. Les mesures restrictives sont loin d'avoir produit les effets qu'on en espérait.

Par l'institution du crédit foncier, on a voulu avec raison favoriser le propriétaire et par suite l'agriculture; mais malheureusement, avec les entraves dont les prêts sont entourés, la réalisation d'une affaire de ce genre est si difficile, que presque tous hésitent et craignent même d'entamer une telle négociation. Simplifier les conditions de ces prêts, faire accorder l'intérêt de cet argent avec le rendement de la propriété, mettre le propriétaire plus directement en rapport avec l'Etat, serait encore un nouveau et grand besoin rendu

par le gouvernement à l'agriculture. La loi a déjà été modi-
fiée plusieurs fois, et nous devons espérer que le gouvernement qui a constamment montré tant de sollicitude pour
les intérêts de l'agriculture fera de nouveaux efforts et que
cette institution pourra enfin produire tous les bons effets
qu'on en attendait.

Villars, juin 1861.

Riom. — Imprimerie de U. Jouvet.

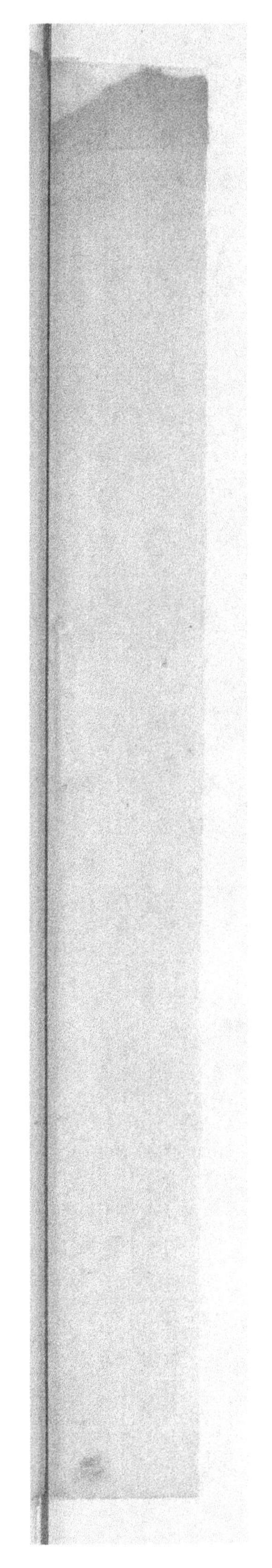

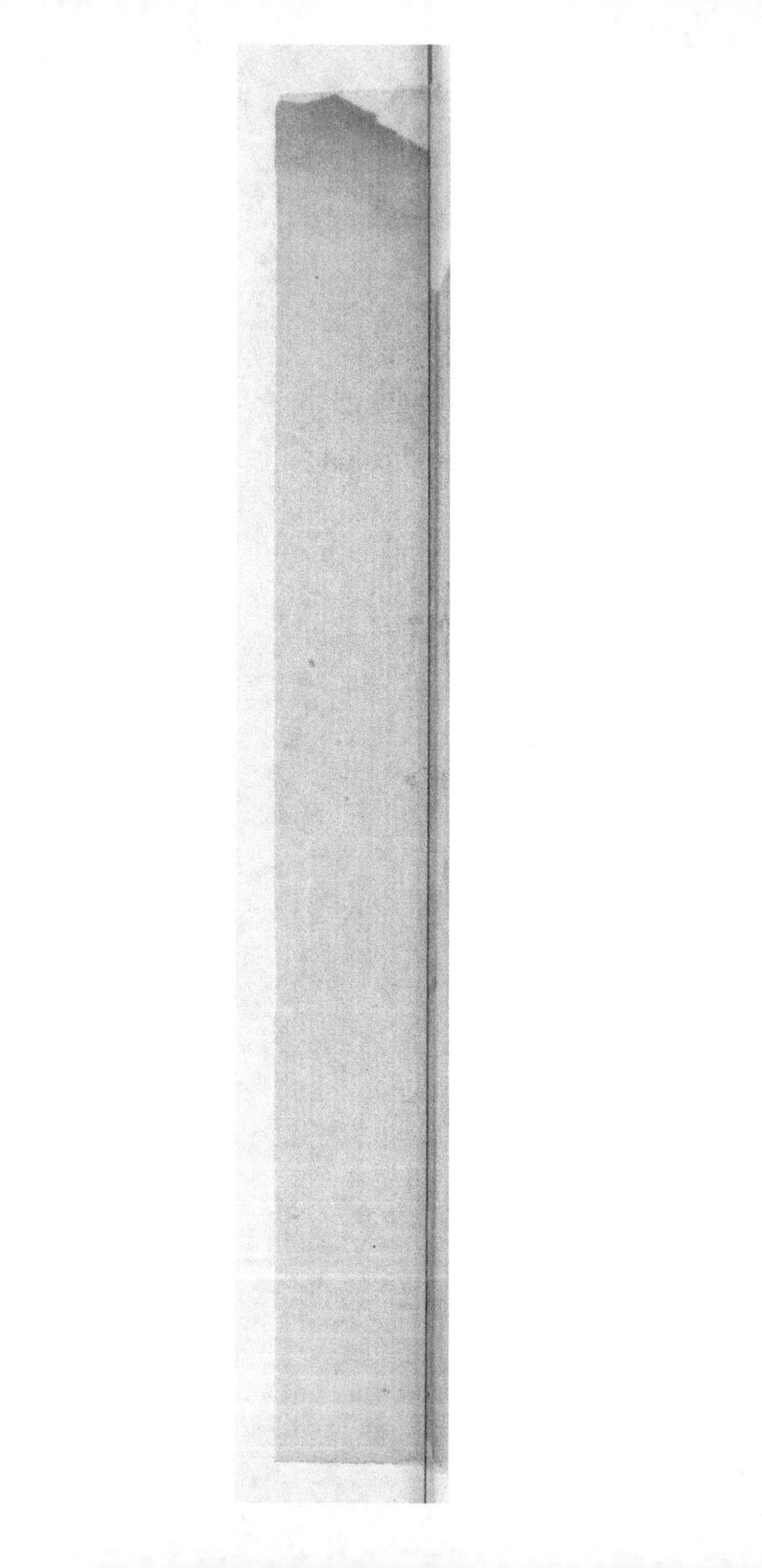

U. JOUVET, IMPRIMEUR-LIBRAIRE.